罗克数学荒岛8 历险记

克隆罗克

达力动漫 著

SPM
南方出版传媒

全国优秀出版社
全国百佳图书出版单位

广东教育出版社

·广 州·

依依

开朗，骄傲，不开心的时候喜欢擦东西或者别人的头。

花花公主

可爱的刁蛮公主，霸道，还有点高傲。

罗克

机灵，懒散，数学小天才，但是讨厌数学。

UBIQ

数学机器人，只能发出"嘟嘟嘟"的声音。

小强

受气包，缺乏自信，胆小怕事。

目录

神奇香水

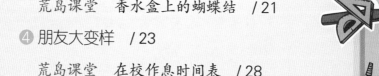

神秘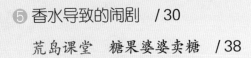友

克隆罗克

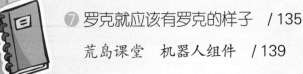

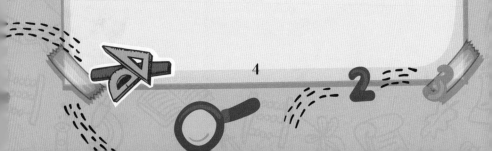

神奇香水

意外的相遇

　　又是阳光明媚的一天。小镇已经许久没下雨了，空气有些干燥，但这并不影响今天是个好天气。

　　国王今天专门去了一趟香水店，用自己当保安赚的钱，买了一瓶店里最贵的香水。这几乎花光了他的大半工资，可这有什么所谓呢，过几天就是王后的生日，这个礼物既能讨王后欢心，又让自己有面子。王后好像从来没露过面，别人也不知道国王平时是如何与王后联系的，这是他们之间的秘密。

　　绿灯亮了，国王从人行道慢悠悠地穿过

马路，一边走一边欣赏着自己买的香水——真是一瓶完美的香水，宝蓝色的玻璃瓶反射着太阳光，看起来就像闪闪发光的蓝宝石。

国王对自己买的香水还是很满意的，甚至想再买一瓶自己用，但刚产生这个想法，国王就挥挥手说："不行，我堂堂七尺男儿，不能用女士香水。"

国王大概把注意力都放在了香水上，并

3

没有注意对面走来一个梳着白色莫西干发型的老头。老头微胖，上身穿着一件运动衫，下身却穿着紧身裤，他那与脸型极不相称的红色圆框眼镜也十分夸张。

老头低着头边走边看手里的东西，结果两人不出所料地撞在一起，摔倒在斑马线上，国王手中的香水也跟着甩了出去。国王顾不上检查自己有没有摔伤，连忙去找香水。

万幸，香水就滚落在他的脚下，国王拿起香水，松了口气。看到和自己撞在一起的是位老伯，国王赶紧将他扶了起来，紧张地问："这位老伯，您没事吧？"

外形怪异的老头拍了拍衣服上的灰尘，摆摆手示意自己没事，国王这才松了口气。

这时，怪异老头突然发出一声尖叫："呀！我的香水呢？"

老头俯着身子在地上找来找去，最后在一辆响着喇叭的小汽车轮子底下找到了，国王看了一眼，发现那香水和自己手上的有些相似。

此时已经红灯了，路上的小汽车纷纷按喇叭，驱赶在斑马线上停留的人，于是两人没有过多交流，就各自匆匆过了马路。

他们一个往城堡方向走，一个往学校方向去，一场意外的相遇，造就了之后啼笑皆非的故事。

国王巧遇怪老头

国王和怪老头相向过斑马线时撞在了一起。

两个物体相向运动或在环形跑道上作背向运动，随着时间的推移，必然会面对面相遇，这类题型叫作相遇问题，有求路程、求相遇时间、求速度三种类型。它的特点是两个运动的物体共同走完了全程。

总路程=（甲速度+乙速度）×相遇时间

例 题

绿灯后，国王和怪老头从马路两边同时过马路，已知马路的宽度为12米，国王过马路需要20秒，怪老头过马路需要30秒，请问两人多久后相遇？

国王和怪老头同时相向过马路，马路的宽度是他们共同走的路程。

国王速度：12÷20=0.6（米/秒）

怪老头速度：12÷30=0.4（米/秒）

两人速度和：0.4+0.6=1（米/秒）

两人的距离每秒钟缩短1米，即两人的速度和。

相遇时间：12÷（0.4+0.6）=12（秒）

所以，两人同时过马路12秒钟后相遇。

牛刀小试

　　国王、怪老头两人环绕周长是400米的跑道跑步，如果两人从同一地点出发背向而行，那么经过2分钟相遇；如果两人从同一地点出发同向而行，那么经过20分钟两人相遇。已知国王的速度比怪老头快，求国王和怪老头两人跑步的速度各是多少？

神奇药水不神奇

　　校长正在办公室里聚精会神地看着面前的屏幕，手指不停地敲打着键盘，屏幕上密密麻麻地出现各种符号，如果仔细看能看到"激光""加热""高科技"等字样，看来校长是在搞科研。

　　Milk摸着咕咕叫的肚子蹦跶出来，他对屏幕上密密麻麻的数据丝毫不感兴趣，开门见山地问道："校长，你到底行不行啊？我都快饿死了。"

　　校长额头上冒着汗水，手指仍没停止敲打键盘，他盯着屏幕随口回答道："急什

么，只会吃白饭的家伙，给我忍着。"

"怎么能不急？明明是你自己说让我见识一下你的本事，要搞什么激光泡面，这都过去一个多小时了，激光呢？泡面呢？"

校长被Milk烦得不行，恨不得将这家伙的嘴巴缝起来。可他还是忍住了，因为激光泡面的研究马上就要完成了。

只见校长按下回车键，屏幕上立即出现了一个进度条。很快，一条射线照在校长准备好的水壶上。随着进度条慢慢移动，水壶也开始发生变化，直到水完全烧开，进度条也走完了。激光泡面制作的最后一步，就是将水倒进泡面。

Milk一边倒水泡面，一边问："校长，为什么我们不直接烧水呢？"

校长怒斥道："你懂什么，科研要贴近生活，你以为研究火箭、粒子加速器才是高科技，用激光烧开水就不是？就是因为有你这种想法，人类的科技才进步得这么慢！"

Milk有点委屈地说："我是外星人啊……人类进步慢跟我有什么关系……"

"闭嘴！"

Milk懒得理校长，因为这时他的泡面快泡好了，吃饭要紧。虽然这个激光泡面和普通泡面吃起来没两样，不过用激光烧水泡面似乎格外快，一下就泡好了。

校长也正准备吃泡面，突然听到有人在敲门，一边敲还一边喊："弟弟，弟弟！你在吗？我知道你在的，开门啊！"

"我这倒霉哥哥怎么来了。"校长无奈地摇摇头，放下手中的泡面去开门。门外站着的正是国王遇到的怪老头，他的名字叫健忘棍，因为他老是忘记事情，常常刚做完的事没过一会儿就忘了，刚说完的话马上也忘了。虽然健忘棍和校长的体型、外貌相差巨大，但是两人确实是亲兄弟。

"哥，你来干什么？"

健忘棍刚想开口回答，却又挠头，有些疑惑地说："我……我干吗来着？"

"你的健忘症真是越来越严重了。"说着校长递给健忘棍一碗泡面，健忘棍放下手中的宝蓝色瓶子，高兴地接过泡面吃起来。

校长看了眼瓶子，发现瓶子里装有液体，于是问："这是什么？"

这次健忘棍没有忘记，因为凡是重要的东西，他都记得很清楚，可见这瓶东西的重要性。他告诉校长，这是自己最新研发的神奇香水，喷一下，就能让人的性格完全反过来，笨蛋也会变聪明。

对于健忘棍的奇怪发明，校长早已见怪不怪了，因为他每隔一段时间就会拿出几件"新发明"，而且经常会因此惹出大麻烦。

校长仔细打量着这个宝蓝色瓶子，说："我怎么感觉这是香水瓶啊？"

Milk端着泡面凑过来，嘴里塞着面，含糊不清地问："香水？什么香水？可以吃吗？"

"吃吃吃，你就知道吃，也不见你帮我干成什么事。"校长说完看了Milk一眼，随手拿起桌子上的神奇香水对着Milk就是一阵乱喷，Milk被喷得直打喷嚏。

校长微笑地看着Milk，期待着他发生变化，至少不要像现在这么笨。但是Milk只是擦了擦鼻子，一脸茫然地问："校长，你为什么喷我？"

校长眼珠子一转，决定试试Milk。于是，他将自己的泡面端过来，递给Milk。

Milk一看开心得不行，一把抢过泡面跑得比兔子还快，一边跑还一边舔了一口泡面，生怕校长反悔要回去。

难道这神奇香水对外星人没用？校长正纳闷，一旁吃泡面的健忘棍突然停了下来，疑惑地说："嗯？我怎么在这吃泡面？"

校长眼睛一亮，将香水喷在健忘棍脸上。健忘棍愣了一会儿，眼神开始变得清澈起来。校长一看大喜，心想：哥哥这么多年的健忘症就要好了吗？

他连忙问道："怎么样？想起了什么吗？"

健忘棍点点头，抱住校长痛哭流涕地说："爷爷！"

"我有那么老吗？！"

这根本就没效果嘛！看来这个神奇香水好像并不怎么神奇啊。

进度条

我们在上传或下载文件时，电脑的进度条可以告诉我们一些信息，比如网速、已上传（下载）的百分数、还需等待的时间等。细心观察，我们发现传输栏中的每一个下载进度条都使用了不同的颜色来显示下载的速度和完成度。故事中"校长按下回车键，屏幕上立即出现了一个进度条"，这个进度条告诉了我们什么数学信息？

例 题

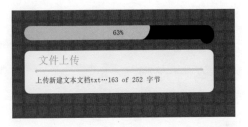

63%

文件上传

上传新建文本文档txt…163 of 252 字节

校长的"新建文本文档.txt"共有252字节，此刻已经上传了63%，请问大约上传了多少字节？

方法点拨

这是关于百分数的问题，求一个数的百分之几用乘法计算。

$252 \times 63\% = 158.76 \approx 159$（字节）

所以大约上传了159字节。

牛刀小试

校长的"新建文本文档.txt"共有252字节，此刻已经上传了63%，已经上传的是没上传的百分之几？

有点怪的早晨

国王买完香水回到城堡后无所事事，转眼就到了下午。闲着无聊的他，拿出香水仔细欣赏，越看越喜欢，国王觉得自己品位不是一般的高，这么完美的香水，谁会讨厌呢？

就在国王沾沾自喜的时候，花花放学回来了，看到爸爸在椅子上傻笑，花花有点好奇，她走上前去打量着国王。外表看来倒是没什么异常，难道发烧了？花花摸了摸国王的额头，温度很正常。

"乖女儿，你干什么呢？"

“爸爸，你一个人在傻笑什么呀？”

国王挑了挑眉头，得意一笑，拿出香水，说：“看到了吗，这瓶完美的香水是我买给你妈妈的生日礼物，我是不是很有眼光啊？”

花花一听高兴得跳起来，满脸期待地说：“妈妈会过来吗？”

国王摇摇头，花花顿时有些失落。但是看到国王手上的香水，她又开始两眼放光。花花凑到国王面前，笑嘻嘻地说：“爸爸，要不你把香水借我玩一天吧！反正我们学校明天上午放假半天，我就在家玩。"

国王将香水藏在身后，急忙摆手说：
"不行，这是给你妈妈的礼物，不能让
你玩。"

"小气鬼！"花花冲国王做了个鬼脸，
背着书包跑进了自己的房间。

国王以为花花已经放弃了要玩香水的念
头，也就没在意这件事，又开始自顾自地欣
赏起来，甚至还想给自己喷一喷，但还是忍
住了。

国王不知道，其实花花一直在门缝后盯
着他手上的香水。

第二天一早，阳光拨开薄雾洒在小镇
上。国王带着鳄狗多莉去城堡周围散步。

国王背着手，慢悠悠地闲逛，多莉摇着
尾巴温顺地跟在国王身后，画面看起来格外
惬意、温馨。

但是简单的散步对国王来说总是有些无
聊，于是，他又拿出了那瓶他无比喜爱的香

水，宝蓝色的瓶身在清晨的阳光下，显得无比绚丽。

"汪汪汪！"国王刚拿出香水，鳄狗多莉就摇着尾巴在国王身边欢快地跳来跳去，好像很喜欢的样子。

"看来多莉也和我一样，是有品位的。"

多莉在国王脚下蹭了蹭，尽显乖巧温顺，国王一时开心，便产生一个念头：何不给多莉喷点香水，顺便闻闻香水味道好不好。

国王打开了香水瓶，对着多莉喷起来。多莉顿时像被下了药一样晕头转向。慢慢地，它双眼开始变红，尖牙逐渐外露，张牙舞爪，完全没有了之前的温顺。

国王心里有些慌，试探性地问："多莉，

你怎么这副样子……"

回应国王的是多莉的尖牙利爪，多莉猛扑向国王，仿佛要把他撕成碎片，国王吓得撒腿就跑。

国王大概跑了一个小时，仍然没有甩掉多莉，最后无奈地跳进城堡外的水池里才躲过一劫。他心有余悸地回到城堡，紧锁城门，生怕多莉找到自己。随后国王换了身干净的衣服，并把香水放在房间的桌子上。

这时，花花来了，国王赶紧提醒花花小心鳄狗多莉，因为它今早突然变得很凶。

国王一边说一边回忆早上这件事的细节，多莉好像是喷了香水之后突然发生了变化。难道是香水的问题？国王摇摇头，心想：这怎么可能，香水哪能让多莉性情大变？

就在国王沉思之际，花花悄悄将桌上的香水放进书包里，急匆匆地说："我就借一小会儿，放学就还回来！"说完一溜烟跑没影了。

香水盒上的蝴蝶结

花花想给香水配一个漂亮的盒子，并打上蝴蝶结。解答包装中的数学问题，需熟练掌握立体图形的特征，准确计算出其棱长、表面积等。

例 题

如右图，花花量得香水盒子长15厘米，宽7厘米，高5厘米。打一个蝴蝶结大约需要25厘米长的包

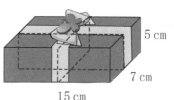

5 cm

7 cm

15 cm

装绳。花花将香水盒捆好，再打一个蝴蝶结，至少要准备多长的包装绳？

方法点拨

本题涉及立体图形的棱长问题，需要确定包装

经过的立体图形的面，以及对应的绳子的长度。根据面的相对性，知道与长和宽一样长的包装绳各有2段，与高相等的包装绳有4段。

别忘了还要加上蝴蝶结用的包装绳的长度，切勿硬套长方体棱长求和公式。

$15 \times 2 + 7 \times 2 + 5 \times 4 + 25$

$= 30 + 14 + 20 + 25$

$= 89（厘米）$

所以，花花至少要准备89厘米长的包装绳。

牛刀小试

花花给爸爸买了一个蛋糕，蛋糕盒上下两面是正八边形，两个正八边形互相平行的两条棱之间的距离是30厘米，盒子高20厘米。顶上花球共用了154厘米的包装绳。如图，至少用了多长的包装绳？

朋友大变样

下午两点十分，离上课时间还有半个小时，同学们陆续来到教室。花花来到自己的座位，熟练地放下书包，并从里面拿出一瓶漂亮的宝蓝色香水。

旁边看书的依依顿时被这漂亮的玩意吸引。她放下手上的书，凑到花花面前，连声询问这是个什么东西。

"香水啊！"花花一脸得意地回答道，神色中还有点骄傲的意味。

"这就是香水啊！"依依很感兴趣，毕竟女孩子对漂亮的东西总是难以抗拒。

　　花花警惕起来，赶紧把香水拿回来，说道："你别把它弄坏了！"

　　依依笑嘻嘻地讨好花花，向她保证，只是看一眼，绝对不会弄坏的，但花花还是不答应。依依生气了，拿出了她的杀手铜——抹布。

　　"给不给！"

　　"不给，谁怕谁啊！"

　　这时小强一边叹气，一边过来打圆场："刚到学校就吵起来了，你们不累吗？"

　　"要你管？"依依和花花异口同声地

说。小强顿时缩起脖子，不敢再劝。

"不就是一瓶香水嘛……"小强嘀咕道。

花花一听，生气地举起香水，说："这是我爸爸送给妈妈的生日礼物，是世界上最好的香水。你不懂不许乱说！"小强吓得赶紧闭嘴，抱头蹲在桌子底下。

花花越说越激动，极力展示手中的香水，想狠狠地炫耀一番。同学们慢慢被吸引过来，将花花围得水泄不通。花花见大家都对她的香水感兴趣，心中十分得意。可突然间，她一不留神没拿稳香水，只听见"啪"的一声，香水瓶摔碎了，香水味顿时弥漫了整间教室。

"啊！我的香水！这可怎么办啊？要是让爸爸知道，肯定要骂死我！"花花慌了，眼泪都要掉下来了。这时，花花感到一阵晕眩，教室里的其他人也都觉得头晕晕的。

　　香水挥发得很快，几分钟后，教室里就没有半点气味了，但同学们的状态却大不一样了。

　　小胖扔掉了自己的所有零食，声称再也不会吃这些了，并且下定决心减肥，还特地冲到操场，打算跑步。

　　小强目光变得凌厉起来，他嘴角上扬，双手抱胸，一副趾高气扬的样子；依依一双水汪汪的眼睛似乎变得柔情起来，完全不见往日张扬跋扈的模样；花花一阵恍惚，整个人变得温顺、听话。

　　"你们两个，过来给我捶捶肩膀！"小强指着花花和依依说。

　　要是平时依依肯定一抹布扔过去，花花也会暴跳如雷，但是这次不一样，依依和花

花居然真的乖乖给小强揉肩、捶腿。

这时罗克慢悠悠地走进教室，看到眼前这一幕，他差点把嘴里的饮料喷出来。

"发生了什么？你们发烧了吧！"罗克简直不敢相信自己的眼睛。

在校作息时间表

 花花总是忘记上课时间，国王让花花把在校作息时间表制作出来，这样不仅能锻炼动手能力，还能学习数学知识。

例 题

花花每节课40分钟，每两节课之间课间休息10分钟，大课间广播操每次30分钟，眼保健操每次5分钟。下午2点10分，离上课还有半个小时，但作息时间表被弄脏了，你能帮忙找出下午第1节课和大课间的时刻吗？

起止时刻	内容	起止时刻	内容
8:00-8:40	上午第1节课	(:)-(:)	下午第1节课
8:50-9:20	上午大课间	3:20-3:25	下午眼保健操
9:20-10:00	上午第2节课	3:35-4:15	下午第2节课
10:10-10:50	上午第3节课	(:)-(:)	下午大课间
10:50-10:55	上午眼保健操		
11:05-11:45	上午第4节课		

下午2:10，离上课还有半个小时，说明下午第1节课的上课时间是下午2:40；一节课40分钟，说明第1节课结束时间为3:20，接下来先做眼保健操再下课休息10分钟；课间休息10分钟，说明大课间开始时间是4:25；大课间一节30分钟，下午大课间的结束时间是4:55。

牛刀小试

如果花花中午也在学校，那么花花一天在校时间有多长？

香水导致的闹剧

正在舒舒服服享受服务的小强睁开一只眼看到是罗克，便撇撇嘴，说："罗克，你来得正好，把你的游戏机给我。"

罗克愣了一下说："小强，你是小强吗？"

说着罗克走近小强，他想知道到底发生了什么，但是小强神色极其不满地瞪了罗克一眼。

"让你给就给，废话那么多。花花，给我把他的游戏机拿过来！"

花花接到命令，立刻冲到罗克面前，一

副可怜兮兮的样子，泪珠在眼中打转，说："罗克，求求你了，把游戏机给小强吧，好不好？"

花花拉起罗克的手撒娇，罗克吓得退了好几步，鸡皮疙瘩起了一身，好一会儿才缓过来。

"有话好好说，不许这样！"罗克实在受不了花花这样撒娇。

"没用的家伙。依依，你去把游戏机拿过来。"小强见花花没拿到游戏机，等得不耐烦了。

依依温柔一笑，缓缓走向罗克。吓得罗克又退了好几步，他连忙伸出手，示意依依停下，然后转身对小强说："行啊，小强，你现在胆子倒是变大了，就是不知道变聪明了没。"

小强不屑，朝罗克伸出小拇指，鄙视地说："考第一就了不起吗？今天我就要让你知道谁才是班上最聪明的人。给你个机

会出题，我保证三秒内答出，什么题目都可以。"

罗克被激怒了，心想：小强也太嚣张了，一定要好好教训他。于是他毫不犹豫地回答说："好，我就让你颜面扫地。"

"输的人要把操场打扫干净，怎么样？"小强一副满不在意的样子。

罗克当然也不惧怕，甚至掏出了一把牙刷，附加了用牙刷刷操场的条件。没想到小强想都没想就答应了，一副势在必得的样子。

于是，罗克给出了题目：糖果婆婆卖

飞天糖，加买走飞天糖总数的一半又一颗，减买走剩下飞天糖的一半又一颗，这时还剩1颗飞天糖，请问糖果婆婆共卖出多少颗飞天糖？

小强听完题后，轻蔑一笑，这种表情从前在他身上是看不到的。

"哼，这么简单的题目你也好意思来考我？听着！"

"根据题意，减买走剩下飞天糖的一半又一颗，这时剩1颗飞天糖，可知减没买飞天糖前，飞天糖的颗数是（1+1）×2＝4（颗），这意味着加买走总数的一半又一颗后剩下4颗飞天糖，同理可知飞天糖的总数为（4+1）×2＝10（颗），所以糖果婆婆一共有10颗飞天糖，卖剩1颗，一共卖出9颗！"

罗克目瞪口呆，心想：这还是小强吗？这么快就答出来了，而且一点错误都没有，这究竟是怎么了？

"记得用牙刷刷完操场啊！"小强满脸得意。依依和花花则一边夸赞，一边给他捶肩。

　　突然，国王喘着粗气，满脸惊恐地闯了进来，听到小强说用牙刷刷操场，立即来了兴趣。

　　"谁要用牙刷刷操场？这可不容易，我算得不错的话，应该要三天时间！"

　　罗克一脸不高兴地说："哼，国王，你别管谁要刷操场，我看你这么急，是不是被狗追了？"

　　罗克只是随口一说，但国王却连连点头，惊恐的表情又浮现在脸上："对对对，是多莉！你不知道，今天我给它喷了香水后，它像完全变了条狗似的，一看到我就发疯一样扑过来，感觉想吃了我，我都害怕极了！"

　　嗯？香水？性情大变？罗克的目光转向小强等人："像他们那样吗？"

国王一看，发现自己的宝贝女儿居然在给小强捶肩。"这怎么行！我女儿都没给我捶过！"国王顿时忘了多莉的事，气冲冲地走到小强面前，指着小强的鼻子说，"怎么回事？你怎么能让公主给你捶肩？太过分了，我要惩罚你！"

小强冷冷地瞥了国王一眼，转身对花花和依依说："这两个人太吵了，把他们赶出去。"

接到命令的依依和花花赶紧推着罗克和国王往门外走。

"花花，我是你爸爸，你怎么听小强的啊？"国王很是不解。

　　"天大地大，小强最大！"花花的回答很坚定，也很无情。国王像是被闪电击中一样，当场愣住了。

　　"请你们不要打扰小强，好吗？"依依一边温柔地说着，一边开门将罗克推出去。

　　门外传来了狗叫声，国王这才反应过来，吓得冷汗直流，连忙大喊："不不不！不要推我出去，外面有鳄狗！我不要

出去！"

但是为时已晚，教室门"砰"一声紧紧关上，任国王哭天抢地也毫无用处，门还是紧紧关着。

罗克拍了拍国王的肩膀，拿出两把牙刷，叹了口气说："算了吧，国王，没有用的，要不你还是来帮我一起刷操场吧。"

糖果婆婆卖糖

一个数，经过一系列运算，可以得到一个新的数。反过来，从最后得到的数，倒推回去，可以得出原来的数。这种求原来数的问题，称为逆推问题。逆推问题的解法就是倒推，必要时还可以借助图示使解法更加清楚。

例 题

糖果婆婆卖飞天糖，加买走飞天糖总数的一半又一颗，减买走剩下飞天糖的一半又一颗，这时还剩1颗飞天糖，问糖果婆婆共卖出多少颗飞天糖？

$$(\ \ ) \xrightarrow[\text{总数的一半}]{\text{加买}} (\ \ ) \xrightarrow[\text{买1颗}]{\text{加再}} (\ \ ) \xrightarrow[\text{剩下的一半}]{\text{减买}} (\ \ ) \xrightarrow[\text{买1颗}]{\text{减再}} (\ 1\ )$$

这道题根据最后的数反推前面的数，一步步来就可以得出结果。减买走剩下飞天糖的一半又一颗，这时剩1颗飞天糖，可知减没买飞天糖前，飞天糖的颗数是（1+1）×2=4（颗），即加买走总数的一半又一颗后剩下4颗飞天糖，反过来推导出总数，即（4+1）×2=10（颗），所以糖果婆婆一共有10颗飞天糖，卖剩1颗，所以卖出9颗。

$$[（1+1）×2+1]×2=10（颗）$$

$$10-1=9（颗）$$

有一位老人，把他今年的年龄加上16，用5除，再减去10，最后用10乘，恰巧100岁，这位老人今年多少岁？

39

香水闹剧的落幕

国王和罗克正蹲在操场上，两人右手撑着下巴，左手拿着牙刷在地上快快不乐地刷着。

国王嘟囔着嘴说："爱犬背叛，爱女也不听话了，今天是我人生中最黑暗的一天。"

这时，罗克想起了国王说的香水，多莉和花花他们发生变化时都接触过香水，他怀疑整件事和香水有关，于是让国王仔细说说情况。

国王把从买香水，到给多莉喷香水，最

后再将香水放在桌子上，整个过程一五一十地和罗克说了一遍。"不过今天出门的时候，发现香水不见了。"国王补充说。

听完国王的话，罗克陷入沉思，难道问题真的出在香水上？

"你说的那个怪老头，是怎么回事？再仔细说说。"罗克似乎抓住了重点，问题可能就出在这。

国王摇摇头，他也记不清具体细节了，但可以肯定的是怪老头有一瓶和自己相似的香水。

"我想，那怪老头手里的东西不是香水，可能是特殊的液体，刚好你们两个撞在一起，香水被调包了，你拿走了他的，他拿走了你的，而喷了他的那瓶东西，会使人的性格发生转变。"听完国王的描述，罗克推断说。

"那说不通啊，为什么小强他们会变成那样？我没给他们喷。"

"我猜是花花拿走了香水。她不是想要拿你的香水玩吗？所以我想，她肯定偷偷把香水带到教室了，然后在教室里喷了香水，所以才导致了这种情况。"

　　国王听后陷入沉思，他觉得罗克的推理有几分道理，但接下来怎么办呢？

　　"想解决问题，只能找到那个怪老头！"罗克说。

　　国王挠挠头，说："可是我上哪去找那个怪老头啊？"

　　两人同时叹了口气。是啊，虽然说小镇不大，但找一个人也没那么容易，这可怎么办呢！

　　"我不管！我要让花花变回来！不然……不然我可怎么活……"国王掩面大哭。

　　罗克深有感触，那三个人要是变不回来，谁受得了啊！罗克只好拍拍国王的肩膀安慰他。国王猛然站起来，瞪大眼睛看着教

学楼，手指着教学楼门口方向，颤抖着说：
"他……是他！怪老头！"

罗克顺着国王手指方向看过去，发现
校长和一个外形怪异的老头正缓缓走进教学
楼。难道这么巧，这个怪老头和校长认识？

"快追上去！别让他跑了！"

罗克和国王急匆匆冲过去，正跑着，国
王隐约听到了多莉的叫声，吓得他又加快了
速度。

国王大喊："给我站住！"

校长和健忘棍停住脚步，一头雾水地看

着国王。校长心想：这次我什么都没干啊，怎么突然找上门了呢？

国王气冲冲地走到健忘棍面前，揪起他的衣领吼道："老家伙，快把解药交出来！"

校长愤怒地指着国王，说："你干什么，放开我哥哥！"

罗克连忙上去拉住国王，他知道国王心急，但是这样的行为总归太过粗鲁。但国王根本无法冷静，揪着健忘棍就是不放。

国王说："不交出解药我就跟你没完！"

健忘棍被国王吓得说不出话来，校长气急败坏地说："你到底要干什么，再不放开，我就报警了！"

罗克赶紧在一旁解释道："花花他们好像喷了奇怪的香水，性格大变，我们怀疑国王的香水和你们的调换了，所以找你们要解药，没有别的意思。"

校长一听，脑子转得飞快：难怪之前的香水不管用，原来是这样啊！但是校长仍然装作一副什么都不知道的样子，说："我凭什么相信你们？简直是无理取闹！"

"我才不管，快交出解药！"

国王看到健忘棍的背包，一把抢了过来，"肯定在包里，我自己找。"

校长见状，立刻冲过去，一把抓住背包，气愤地说："你凭什么翻我哥哥的背包，简直欺人太甚！"

国王和校长拉扯了半天，最后国王凭借体型优势，抢到了大部分物品，都是些奇奇怪怪的东西，比如备忘录、相机、老年痴呆治疗仪等。

"很明显，这些都不是解药。"罗克叹了口气，摇摇头。

校长只抢到一瓶粉红色液体，他哈哈大笑，说："哈哈，想要解药？没门！"

罗克惊讶地说："真是你们的问题！"

国王立马想过去抢，校长举起瓶子，大喊："别过来，你再往前走一步，我就把解药摔碎，让你女儿一辈子都变不回来！"

国王硬生生地退了回来，不敢再往前走一步。他泪眼汪汪地看着罗克，希望他有办法拿到解药，但罗克无奈地摆摆手，表示自己也没有办法。

校长一脸得意，心想：这真是得来全不费功夫，只要手里有了这瓶解药，以后答题就可以威胁他们，让他们参加不了，到时胜利就都属于我了！

想到这里，校长一阵窃喜。他摇了摇手中的瓶子，说："想要解药也可以，从现在开始，你们必须听我的，否则……"

校长话还没说完，就听到"汪"的一声。双眼发红的鳄狗多莉居然从他背后冲了出来，一口咬住他的大腿。

　　"哎呀！妈呀！"校长疼得跳了起来，手上的瓶子不小心抛了出去，罗克眼疾手快一把接住。校长被多莉紧追着不放，已无暇顾及解药的事。

　　"救命啊！谁来救救我！"校长的惨叫声响彻校园。

　　就这样，这场闹剧最终以国王用解药让大家变回原样收尾。反应过来后，依依和

花花狠狠地揍了小强一顿，委屈的小强根本不敢反抗。鳄狗多莉也变回了以前的样子，但是因为咬了校长几口，国王赔了好些医药费，不过国王觉得这钱赔得很值。

 用牙刷打扫操场要多久

国王和罗克两人拿着牙刷刷操场，这里面蕴含着密铺的问题，也就是"大面积包含多少个小面积"的问题，一般可以用"大面积÷小面积=个数"。但有时候不直接给出大、小面积，这时候要仔细分析问题。

例 题

若操场为长180米，宽96米的长方形，牙刷的毛刷面长2厘米，宽1厘米。假设1秒钟用牙刷可扫干净50厘米长，2厘米宽的一小块，要多少天才能用牙刷扫完整个操场？

方法点拨

1时=60分=3600秒

牙刷1小时可刷的面积是：

50×2×60×60=360 000（平方厘米）=36（平方米）

操场面积：

180×96=17 280（平方米）

刷完操场需要的时间：

17 280÷36=480（时）=20（天）

不休不眠、速度不减也要20天才能把校园的操场打扫完。

牛刀小试

校长想给长180米、宽96米的操场铺边长为40厘米的正方形草皮，需要多少块这样的草皮？

神秘网友

考试成绩

　　香水事件过去几天后，大家仿佛忘记了那天发生的事，没有人再提起。这几天，除了考了一次试，没有什么特别的事发生。

　　临近下课，班主任从讲桌下拿出一沓试卷，准备把上次的考试成绩公布一下。面对考试成绩，同学们的心态各不相同：学习成绩好的，想的是自己这次能考多少分，是不是第一名；学习成绩一般的，对自己的分数早已心里有数，但是也希望自己这次超常发挥；学习成绩差的，基本就是抱着死猪不怕开水烫的心态了——反正没多少分，无所谓了。

不过也有例外，比如花花，她是属于学习差的那一类，但是偏偏很在乎自己的成绩。按理说，这样的学生只要下定决心认真学习，还是有机会提高成绩的。但花花并不是这样，她只要自己别是倒数第一就行。

　　老师公布成绩之前，花花就信誓旦旦地说："不用公布我也知道，这次倒数第一肯定还是小强。"

　　罗克坏笑着说："五十步笑百步，倒数第二笑倒数第一！说不定你这次还退步了呢！"

　　花花又气又恼，却又无法反驳。

　　而经常倒数第一的小强戴着眼罩，睡得正香。

　　班主任笑眯眯地说："花花这次考试没退步。"

　　花花应声弹起，高兴地摆了个胜利的手势，随后挺直腰杆说："听到没！本公主这么聪明，怎么会退步呢？倒数第一的肯定还

是小强！"

依依一手撑着下巴，无奈地摇摇头，自言自语："唉，真不知道倒数第二有什么好自豪的。"

班主任的目光转向小胖，此时的小胖在偷偷抹嘴巴，想都不用想小胖肯定是趁她不注意的时候，偷偷吃东西。

班主任敲了敲桌子，说："小胖！就知道吃！课堂上不能吃东西，还有你这次考了全班倒数第一，退步了两名！"

小胖愣了一下，匆忙吞掉口中的食物，指着旁边正在打瞌睡的小强，说："怎么可能！我是抄小强的。"

小强的答案都敢抄？大家对小胖的"勇气"感到佩服。

小强睡得迷迷糊糊，隐约听到成绩的事，他有点不相信自己的耳朵，指着自己问："我不是倒数第一？"

得到班主任点头肯定后，小强几乎感动

得哭出来，这是小强入学以来第一次不是最后一名。

花花疑惑地问："老师，那小强这次是第几名啊？"

"和你一样，并列倒数第二。值得表扬，希望小强继续努力！"

花花愣了愣，回头瞪了小强一眼，气鼓鼓地拿起书就看了起来，一边看还一边嘟囔道："公主是不能和平民成绩一样的！你们以后不要找我玩了，现在开始本公主要认真学习了。"

花花决定认真学习的理由，让大家觉得不可理喻，但无论如何，学习总不是件坏事。

成绩很快就公布完毕了，罗克果然又考了第一名，嘚瑟了大半天。小强因为考试进步，决定请大家吃饭，并分享自己成绩进步的秘密。这让大家非常期待，尤其是花花，眼睛都放光了。

合格率

每次考试，老师都会统计班级的优分率、合格率等。这种生活中的百分率是两个量（部分和总体）之间的百分比关系，如优分率中优分人数是全部考试人数的一部分，求的就是优分人数和全部考试人数的百分比。

$$优分率（合格率）=\frac{优分（合格）人数}{总人数}\times100\%$$

罗克他们班这次数学考试，小强进步了，刚好60分，全班只有小胖不及格，合格率为97.5%，他们班有多少人参加这次考试？

方法点拨

$$合格率=\frac{合格人数}{参加考试人数}\times100\%$$

56

由题意可知，不合格人数1人，不合格人数占比为1-97.5%，可得参加考试人数为：

1÷（1-97.5%）=40（人）

所以，他们班有40人参加这次考试。

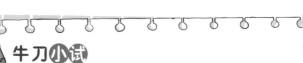

牛刀小试

罗克班上有40人参加这次数学考试，优分率为90%，得优分的有多少人？

小强的网友

学校食堂里，罗克、依依、花花和小强四人正排队点餐。小强难得请客，罗克他们心里都想要点又贵又好吃的。

除了请大家吃饭之外，小强还有一个秘密要告诉大家，就是关于他成绩进步的原因。大家的胃口被吊得足足的，都竖着耳朵听小强的秘密。

小强嘿嘿一笑，从裤袋里掏出自己的老式手机在大家面前晃了晃。罗克他们一看，有些吃惊，互相看一眼，纷纷问小强是不是用手机作弊了。

小强使劲摇头，解释说："不是！不是！我是想说，我通过手机认识了一个昵称叫'数学哥'的朋友，他会教我数学问题，这次考试的好些题目都是他教过我的。"

数学哥？大家满脸疑惑，这人是谁？

就在这时，小强的手机收到信息，他点开一看，是数学哥发来的。数学哥说，知道小强进步的消息很高兴，于是给小强准备好了一份礼物，庆祝小强成绩进步。

小强眼角泪花闪现，他擦了擦，然后说："数学哥对我实在太好了，我刚把这个

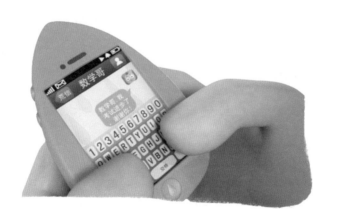

消息告诉他，他就给我准备好了礼物。"

罗克看着很是羡慕，他偷偷摸了摸手机，想着自己要是也有这么一个网友该多好啊。

花花好奇地问小强："礼物呢？礼物在哪？"

小强左看看右看看，发现什么都没有，他自己也摇摇头。这时小强手机又是一阵颤动，再次收到一条消息，小强看了看，然后说："数学哥说，他把礼物藏在饭堂7号桌子底下了。"

四人很快找到了7号桌子，并在桌子底下发现了一个包装精美的礼物盒，小强兴奋地把盒子拿出来，在大家期待的目光下打开了盒子。

盒子里面是一个漂亮的水果蛋糕，白白的奶油上点缀着草莓、杧果、榴梿之类的水果，引得四人口水差点流了出来。

小强为交到对自己这么好的网友而感

到自豪，豪气地说："大家不要客气，一起吃！"说完，随手就拿起一块蛋糕吃了起来。

罗克几人早就馋得不行，他们舔舔嘴唇，纷纷拿起蛋糕，正准备张口吃，突然小强发出一声惨叫，像被火烫到一般，听起来有些凄厉，平时的小强是绝对不会发出这种声音的。

小强扑向依依，双手狠狠掐着依依的脖子，面目狰狞，口水横流，就像一条发狂的恶犬。

"小强！你在干什么！"罗克大惊，连忙去拉小强，花花也帮着罗克一起救依依。可没想到的是，小强竟然主动放开了依依，将攻击目标转换成罗克。他一下子缠在了罗克身上，两人瞬间跌倒在地。小强死死抱住罗克，使得他无法动弹。

"啊！小强！放开我啊！"罗克试图挣扎，却发现小强的力气大得出奇，根本没法反抗。

花花在一旁急得直跺脚，嘴里念着："怎么办？怎么办？"

"帮忙拉开他们啊！"依依一边扯着小强的脚，一边喊着，吃奶的力气都用上了。

就在这时，花花的手机响了，花花一看是国王，还没等国王开口，就急忙说："爸爸，我们现在很忙，有什么事，回去再说。"

国王此时站在广场上，听着手机里"嘟嘟嘟"的声音，有些莫名其妙，他摸了摸头，说："都快到愿望之码出题的时间了，他们到底在干什么啊？"

套餐方案

难得小强请客，罗克想到了食物搭配的方案。这涉及数学上的"搭配问题"：完成一件事需要分成n个步骤，做第一步有m_1种不同的方法，做第二步有m_2种不同的方法……做第n步有m_n种不同的方法，那么完成这件事共有$N=m_1 \times m_2 \times m_3 \times \cdots \times m_n$种不同的方法。

例 题

食堂里有4种饮料、3种主食、2种荤菜、3种素菜。如果饮料、主食、荤菜和素菜各选1样做成套餐，请问有多少种套餐方案可供选择？

64

因为食堂有4种饮料、3种主食、2种荤菜、3种素菜，对应每一类食品选一种，选择的方式与菜品种类有关，共有

$4 \times 3 \times 2 \times 3 = 72$（种）

所以，有72种套餐方案可供选择。

牛刀小试

小强班上有男生22人、女生18人，如果任意从班中选一名男生和一名女生去开数学活动周的会议，有多少种不同的选法？

国王VS校长

　　因为今天是愿望之码出题的时间，国王早早就赶到了广场。国王觉得自己以往都没帮上什么忙，所以这次他下定决心要好好表现一番，这样才不辱没国王的威名。但这次不知道为什么花花他们没有赶过来，按理说，午休时间是足够来广场一趟的，答完题再去上课也来得及。

　　突然，国王的手机震了一下，大概是国王把手机铃声设置得很响的缘故，在四周警戒的加、减、乘、除四人大喊一声"有刺客"，便迅速跑过来，围在国王身边，摆好

66

防守的架势。

国王拿着手机，鄙夷地看了看加、减、乘、除四人，说："大惊小怪，这是我的手机信息。"

加、减、乘、除纷纷挠挠头，然后放松警惕退开。国王看了看手机，发现是一个叫"甜玫瑰"的粉丝要加他好友。国王顿时神采飞扬，拿出镜子左右照了照，摸着下巴自言自语："唉，帅的人，无论到哪都是光芒闪耀，躲都躲不了！"

国王一顿操作，通过了"甜玫瑰"的好友申请："嘻嘻，原来我在地球也这么受欢迎。"

这时校长带着Milk慢悠悠走来，看到国王正低头玩手机，而罗克他们并没有过来，校长捂着嘴巴在偷笑。

"怎么，国王，你也玩起了我们地球的交友软件了？"校长嘲笑道。

国王根本不理会校长，自顾自地玩手机，Milk则两眼放光地跑到国王面前，一脸期待地说："国王，我能加你为好友吗？"

国王答："那当然，对于粉丝，我都是来者不拒的。"

两人交换了好友名片，一旁的校长气得直跺脚，大骂Milk是叛徒，说要没收Milk的手机。

这时愿望之码启动了，飘浮在空中，即将出题。

校长嘴角上扬，得意地说："国王，

今天你有点势单力薄啊，就凭你也想跟我争？"

　　"哼！对付你，我一个人就够了，之前只不过是我故意让着你而已！"国王强势回应校长。

　　两人对视一眼，"哼"了一声便各自转过头去，不再搭理对方。加、减、乘、除此时也没闲着，在旁边为国王摇旗呐喊："国王加油，国王最帅！"

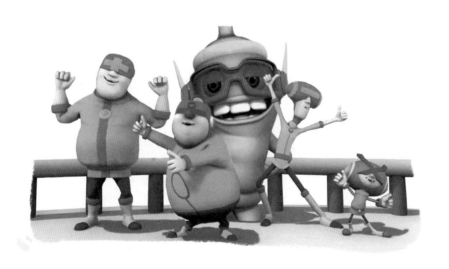

Milk见状也有模有样地学了起来，校长看到后有些感动，心想这家伙总算有点良心。但是没想到Milk连口号也学了，喊的也是"国王加油，国王最帅"。

校长还没顾得上生气，愿望之码就开始出题了，这次给出的题目是：加、减、乘、除在马路边上种树，每隔1米种1棵，共种了11棵，请问这段马路有多长？

听完题目，国王想了想，发现不会做，这可怎么办呢？国王突然看到手中的手机，灵光一闪：可以用手机找答案啊！

国王把题目输入手机，开始搜索答案，但是网络有些慢，页面刷了好久都没刷出来，而校长在一旁不慌不忙地看着国王，仿佛在戏弄小孩一般。

搜索一阵后，国王找到了答案，他高兴得跳起来，说："啊哈，找到了！"

"答案是10米！"校长抢先开口回答。

国王虽然找到了答案，但还是慢了一步，只能无可奈何地听校长讲解解题过程。

"这条马路的11棵树中间，有10个间隔，每个间隔长1米，10个间隔就是10米，所以这段马路有10米长。"

愿望之码回应道："回答正确，说出你的愿望。"

校长现在非常高兴，心想终于可以利用这个愿望好好教训一下罗克他们了。

校长想到一个极妙的愿望，刚想说就被Milk捂住了嘴巴。

"我想要100张国王的签名照！"Milk赶紧说出了自己的愿望。

"如你所愿！"

愿望之码话音刚落，国王就开始不受控制地在凭空出现的自拍照上签起了名。校长气得直跳脚，他大骂道："你个蠢货，浪费我辛辛苦苦赢来的愿望！"

Milk抱着头躲在一旁不敢说话，但是手中越来越多的国王签名照，还是让他内心无比激动。

校长冷哼一声，心想幸好自己还有一张底牌，他要用这张底牌好好教训一下罗克他们。

植树问题

植树问题把树的位置看成"点"，把两棵树之间的距离看成"段"，研究"点数"和"段数"的关系。

（1）两端均不植树（点数=段数-1）

（2）只有一端植树（点数=段数）

环形植树（点数=段数）
用剪刀在某一点旁剪开模型，相当于一端植树。

（3）两端均植树（点数=段数+1）

加、减、乘、除在马路边上种树，每隔1米种1棵，共种了11棵，请问这段马路有多长？（两端都种）

方法点拨

11棵树就只有10个间隔，每个间隔长1米，10个间隔就是10米，所以这段马路有10米长。

（11−1）×1=10（米）

牛刀小试

在一条公路两侧每隔16米架设一根电线杆，共用电线杆52根，这条公路全长多少米？（路的两端都架设电线杆）

数学哥的真实身份

罗克、依依和花花三人把小强送回了城堡，此时的小强已经冷静下来了。发疯过后的他极度疲惫，现在躺在椅子上休息。

罗克嘀咕说："数学哥究竟为什么要给小强送毒蛋糕呢？"

依依和花花纷纷摇头。罗克他们开始对所谓的网友产生了警惕。之前他们还对网络交友软件充满好奇，认为那是个多姿多彩的世界，能认识到各种有趣的人。小强的事让他们意识到网络中有好人也有坏人，也许能遇到一千个好人，但是只要遇到一个坏人就

危险了，所以网上交友一定要谨慎。

　　不能轻易相信陌生网友的话，这种信念已经在罗克他们心中萌生，这是他们成长过程中的重要一课。

　　"不知道爸爸那边怎么样了。"花花发现国王还没有回来，担心地说道。

　　话音未落，便看见国王昂首挺胸地走进来，很是神气，一副凯旋的架势。

　　可是当花花兴奋地问起来，国王只是打

哈哈，说什么自己状态不好，今天肚子不舒服，校长耍阴招……总之就是他输了，但不是他的错，错的是校长。

罗克无奈地叹了口气，说："就知道国王不靠谱，这下校长的答题次数快追上我们了。"

国王像个没事人一样，拍着罗克的肩膀，大大咧咧地说："没事没事，这不还有我嘛！"

说完，国王注意到躺在椅子上脸色苍白的小强，惊讶地问："小强这是怎么了？"

花花和国王讲了之前发生的事情，听完后，国王感叹网络交友须谨慎，小孩子更加要小心才对。

这时，国王收到"甜玫瑰"的信息，说是要互相交换照片，国王正准备在手机里找张帅

气的自拍，这时"甜玫瑰"的自拍照来了，看到照片的国王吓得差点把手机扔了——"甜玫瑰"居然是糖果婆婆！

国王大惊失色，默默蹲在角落不敢说话。

这时小强的手机来信息了，是数学哥发来的，说中午不小心送错礼物了，为了赔罪，晚上八点钟，他将会在教室里放一个惊喜大礼物。

有了上次的教训，大家已经对这个数学哥有了戒备，这个不怀好意的家伙肯定又想做什么坏事，但是他为什么要这么做呢？

众人一致认为不要理会数学哥，小强也点头说："嗯……我再也不会相信网友的话了。"

但是罗克心痒痒的，他想揭开数学哥的真正面目。于是，他凑到小强耳边，悄悄说出了自己的计划。

当晚八点，罗克和小强高兴地来到教

室，在小强桌子底下找到了一份包装精美的礼物，随后他们开开心心地离开教室。

罗克他们离开后，校长从讲台底下钻了出来，他气冲冲地踢了同样藏在讲台下的Milk一脚。

"Milk！你给我出来！我让你准备好的陷阱呢？怎么一点反应都没有，罗克他们就这么安然无事地走了！"

Milk从讲台底下钻出来，肯定地说："准备好了啊！不信你去试试！"

校长不相信Milk，于是走到准备好的陷阱上，但是仍然什么都没发生，校长顿时大吼道："你这个饭桶，哪有陷阱！"

Milk感到疑惑，于是自己也走了上去，结果也没反应。这是怎么回事呢？Milk似乎想起来什么，说："对了！我是怕陷阱太容易触发，所以加固了一下。只要我跳一下……"

Milk说着就跳了起来，一下，两下，

突然，陷阱触发，校长和Milk瞬间掉进了地洞，纷纷摔了个脚朝天。

"你看，我说得没错吧。"

"Milk，你这个饭桶！"

让校长没想到的是，刚才离开的罗克和小强又折返回来，在地洞上方俯视着他们。

罗克大笑道："哈哈，原来数学哥是校长啊！"

"哼，原来数学哥真是坏人。"小强生气地说。

"校长肯定是故意让你吃下毒蛋糕，好让我们参加不了愿望之码答题。"罗克推断说。

　　校长阴沉着脸，一句话也没说，直到罗克和小强要离开，校长这才大喊救他们出去。罗克扔给校长一根绳子，就和小强离开了。

　　虽然有绳子，但是绳子的另一端根本没固定，一拉，绳子就全掉地洞里了。这下子怕是要等到天亮才有人来救他们出去了。

　　Milk拍了拍校长的肩膀，安慰说："校长，其实在地洞里睡觉还蛮舒服的。"

　　"闭嘴！"校长又气又恼，无奈地吼道。

小强收到的精美礼物

　　小强在桌子底下找到了包装精美的礼物。包装盒一般会用包装纸包好，它的用纸问题，涉及数学上表面积的相关知识，而且在实际生活中，表面积的知识应用很灵活，要仔细判断增、缺的面。

例 题

　　如图，内盒长8厘米，宽5厘米，高2厘米；外盒长8.2厘米，宽5.2厘米，高2.2厘米，这个包装盒至少用了多少纸皮？

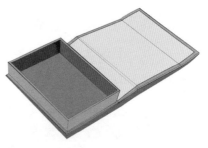

方法点拨

　　内盒共有5个面，用纸皮面积为：

$8×5+8×2×2+5×2×2=92$（平方厘米）

外盒共有4个面，用纸皮面积为：

$8.2×5.2×2+8.2×2.2×2$

$=85.28+36.08$

$=121.36$（平方厘米）

所以，这个包装盒至少用纸皮面积为：

$92+121.36=213.36$（平方厘米）

牛刀小试

　　礼盒的一面是一个长方形。BC=10厘米，AB=6厘米，E、F分别为AB、BC的中点，阴影四边形$AEFC$为彩带覆盖礼盒上面的部分。求彩带的面积。

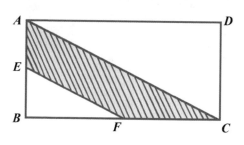

克隆
罗克

罗克的生日愿望

今天是周末，一大早，罗克还在被窝里睡觉，就被UBIQ强行拉了起来。罗克迷迷糊糊地不知道发生了什么，经过UBIQ解释，罗克这才想起，昨天依依他们邀请他今天早上九点去城堡，说是要给他一个惊喜。

罗克不情不愿地去卫生间洗漱，随后草草吃完UBIQ准备好的早餐，就出发前往城堡。

罗克和UBIQ刚到城堡，就发现依依一个人站在门前等着。

这是在特地等我吗？罗克很纳闷：今天

是怎么了，来趟城堡还要隆重欢迎？更让罗克纳闷的是，依依还在进入城堡前给他戴上了眼罩。

就这样，罗克被蒙着眼睛走进了城堡。大概走了两分钟，依依让罗克停了下来。

接着罗克的眼罩被揭开，随着"啪啪"两声响起，空中顿时彩带飘扬。原来，小强与花花拉响了手中的礼炮。罗克一看，大厅内有依依、花花、小强、国王、加、减、乘、除，还有鳄狗。

"生日快乐！"在场的所有人齐声喊道。

原来今天是罗克的生日，为此，依依他

们特地准备了一场生日会，以感谢罗克一直以来对他们的帮助。难得的是，国王也支持这一行动，甚至放话说要准备一份贵重礼物给罗克。

罗克不好意思地挠挠头，说："嘻嘻，我都忘了今天是我生日呢。"

加、减、乘、除点燃了蛋糕上的蜡烛。罗克高兴地走到蛋糕前，闭上眼，许了一个愿望，然后吹灭蜡烛。现场响起一阵掌声。

依依好奇地问罗克："你许了什么愿望啊？"

罗克一脸认真地说："我的愿望其实很简单，就是希望有另一个我。"

大家一头雾水，不明白罗克这个愿望的意义。

罗克解释说："如果有另一个我，就可以帮我做功课，帮我做家务。我就可以想玩就玩，想不上学就不上学，是不是很棒啊？"

"做梦！"大家异口同声说。

国王拍拍罗克的肩膀，说："虽然你的愿望有点离谱，但是我有一件贵重的礼物给你，肯定能弥补你心中的遗憾。"

国王让加、减、乘、除把一块用红布遮住的方框抬了过来，果真是一份大礼物呢。

国王摆了个帅气的姿势，然后在大家的注视下拉下红布——原来是一个相框，里面是一张国王和花花的亲密合照。

罗克傻了眼，立刻就以"礼物太过贵重"为由拒绝了这份大礼，国王摸着下巴想了想，觉得罗克说得有道理，这份礼物实在太贵重了，罗克恐怕承受不起。

"不如这样吧，我把这个挂在城堡大厅中央，这样你每次来玩就可以看到了！"

　　罗克松了口气，称赞国王的主意好。接下来罗克陆续收到了小伙伴们的礼物——依依送的是全新的抹布，花花送了一盆花，小强送了一包纸巾。

　　罗克表示很感动，然后朝UBIQ索要礼物。UBIQ给罗克放了段妈妈发来的祝福视频，不过视频后半段都是在说"你要是再沉迷游戏，就让UBIQ好好教训你"这种话，让罗克一阵心虚。

　　在大家的欢声笑语中，蛋糕被瓜分殆尽，罗克得到了其中最小的一块，简直是欲哭无泪啊！

切蛋糕

生活中切蛋糕、切西瓜、切苹果的问题，不仅考察我们对立体图形的认识，还隐藏着数学规律，一起来看看吧。

例 题

罗克的生日会来了16个朋友，一个圆柱形蛋糕正面切，最少切多少刀才能保证每个人都能分到1块蛋糕？

方法点拨

切1刀：最多得到2块　　　　（1+1）

切2刀：最多得到4块　　　　（1+1+2）

切3刀：最多得到7块　　（1+1+2+3）

切4刀：最多得到11块　　（1+1+2+3+4）

……

切n刀：最多得到（1+1+2+3+4+…+n）块

因为（1+1+2+3+4+5）=16（块），所以切5刀就可以。

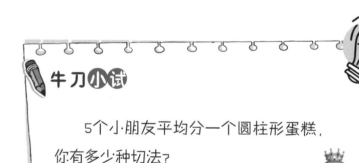

牛刀小试

5个小朋友平均分一个圆柱形蛋糕，你有多少种切法？

梦想成真

第二天是星期天，罗克以为终于可以好好睡个懒觉，但是他又错了。一大早，罗克就被一阵急促的敲门声吵醒——原来是送快递的。

罗克很纳闷，自己没买什么东西啊，哪来的快递？罗克打开门，并没有看到快递员，只看到一个大箱子，这箱子比他的身高

92

还高，估计是装着一个了不得的东西。

罗克回头朝屋里喊道："UBIQ，我们最近买了什么东西吗？"

UBIQ表示没有。罗克更纳闷了，那这是什么东西呢？罗克注意到，这个大箱子上面贴了一张纸条，上面写着："克隆人计划2.0，实验对象——罗克。让克隆人与原型共处一星期，观察其行为。一星期后，克隆人将会由克隆人协会派人收回。"

克隆人？罗克带着疑问拆开箱子，打开的一瞬间，他吓了一大跳，下意识后退了好几步。只见箱子里面躺着一个和自己一模

一样的人。过了好一会儿，罗克见那克隆人没反应，便壮着胆子上去，用手戳了戳他的脸，质感和真正的人没有区别。

突然，克隆人睁开眼睛，罗克连忙跑开。随后克隆人从箱子里走了出来，很有礼貌地朝罗克鞠了个躬，说："你好，主人，我是克隆人罗克。"

罗克呆呆地点头回答："你好……你好……"

"UBIQ，怎么办啊？我现在有点慌……"罗克悄声对旁边的UBIQ说，而UBIQ只是摆手，表示他什么也不知道，然后就去做早饭了。

罗克不知所措，突然他想到应该给这个克隆人改个名字才行，于是说："克隆人罗克这名字太麻烦了，不如我给你起个名字，就叫……嗯……罗克克吧！"

克隆人罗克鞠躬说："您是我的主人，您让我叫什么，我就叫什么；让我做什么，

我就做什么。"

罗克听后十分兴奋，难道是昨天的生日愿望实现了？这简直不可思议。罗克又向罗克克确认了一下，如何让别人分辨出他们俩。罗克克伸出手掌给罗克看，上面有个三角形标志，有这个标志大家就可以分辨他们俩了。

罗克很高兴，搭着罗克克的肩膀说："太好了！走，我带你去见一下我的朋友，他们肯定会大吃一惊！"

数学上的"克隆"

罗克收到一个克隆人罗克克。克隆是英文"clone"的音译,有复制、复制品的意思。用数学来研究"复制—粘贴""分裂"等现象,我们暂称为数学上的"克隆"。

例 题

罗克有15个好朋友,他想把克隆人罗克克的消息告诉他们。如果用打电话的方式,每分钟通知1人。最短需要几分钟?

方法点拨

罗克每分钟通知1人,知道消息的人再通知其他人,最短需要4分钟。

第1分钟		第2分钟		第3分钟		第4分钟	
打电话	接电话	打电话	接电话	打电话	接电话	打电话	接电话
罗克	NO. 1	罗克 NO. 1	NO. 2 NO. 3	罗克 NO. 1 NO. 2 NO. 3	NO. 4 NO. 5 NO. 6 NO. 7	罗克 NO. 1 NO. 2 NO. 3 NO. 4 NO. 5 NO. 6 NO. 7	NO. 8 NO. 9 NO. 10 NO. 11 NO. 12 NO. 13 NO. 14 NO. 15
共有2人 知道信息		共有(2×2)人 知道信息		共有(2×2×2)人 知道信息		共有(2×2×2×2)人 知道信息	

可得出规律，第n分钟后，知道消息的人数$=2^n$。

牛刀小试

有一种细胞繁殖特别快，原来是1个细胞，第1秒钟分裂出1个新的细胞，第2秒钟，每个细胞再各分裂出1个新的细胞；第3秒钟，每个细胞再各分裂出1个新的细胞……照这样计算，第5秒钟一共有多少个细胞？

受欢迎的罗克克

周日的城堡里，一片悠闲慵懒的气息。国王正坐在自己的专属椅子上，一边嗑着瓜子，一边摸着鳄狗看电视。花花和小强在做作业，有时候国王看电视时发出的笑声太大了，花花会站起来说他几句，国王每次都道歉表示一定注意，结果不到五分钟就又开始哈哈大笑起来。

周日是依依打扫卫生的时间。虽说平时加、减、乘、除都会打扫城堡，但是依依认为亲自动手打扫才算干净，所以她每周日都会抽出时间来进行一次大扫除。

周日没什么事的话，罗克是很少来城堡的，但是今天，罗克破天荒地来到了城堡，还一脸笑嘻嘻的。国王感到莫名其妙，心想：罗克笑成这样，难道是来借钱？

罗克做了个鬼脸，对国王说："猜猜我是谁？"

国王眉头一皱，推开罗克，说："别挡着我看电视，没空和你玩无聊的把戏。"

罗克见国王不理会自己，又凑到花花和小强面前，问："猜猜我是谁？"

花花和小强头也没抬，认真地做作业。花花还不忘吐槽："罗克，你能不能成熟一点，没看见我们在认真做作业吗？我们没空和你玩。"

罗克无奈，又去找依依，结果被依依拿着抹布警告了。看来只能出绝招了，只见罗克打了个响指，随后门口走来一个和他一模一样的人。

　　当两个罗克站在一起的时候，国王他们都懵了，依依下意识用抹布擦了擦眼睛，确认自己没看错。

　　两个罗克？！国王从椅子上跳下来，花花和小强扔掉作业本，依依不小心把垃圾桶踢翻在地，他们纷纷围了过来。

　　看到大家惊奇的眼神，罗克开始一脸满足地向大家介绍起罗克克。他先将大致情况和众人说了一遍，然后让罗克克亮出手掌上的三角标志。众人恍然大悟，原来罗克这家伙走了狗屎运，被抽中当试验原型了。

　　说不羡慕是假的，花花他们也希望有一个和自己一模一样的人，来帮自己做不喜欢的事。看着罗克嗫嚅的样子，花花开始生闷气，一脸委屈地看着国王，仿佛在说"爸爸，我也想要"。可国王只能扭过头假装没看到。

　　罗克让罗克克留下来陪大家玩，增进感情，然后又交代了一些自己觉得麻烦的事，比如回家的时候买点酱油，顺便把家门口的垃圾扔进垃圾桶。他还特地交代罗克克要早点回去，因为他的作业还有很多没做。

"为什么你不做？"依依觉得罗克有点过分。

罗克的回答理直气壮："罗克克也是我啊！他做了就等于我做了。"

罗克克表示不要紧，他对罗克的吩咐没有任何意见，相反，他说这是他自己应该做的。

罗克拉着小强到一边打游戏，其余的人纷纷和罗克克打招呼，介绍自己，罗克克也很有礼貌地回应。众人感觉到他和罗克完全不一样，不仅懂事，还很乖，大家对罗克克的印象非常好。

在之后的相处中，罗克克又主动帮众人干活。国王的电视黑屏了，罗克克到房顶调整卫星天线；花花的作业不会做，罗克克热心过去帮忙，但他好像没学过数学，所以只能和花花一起撕花瓣，占卜答案；随后罗克克又和依依一起打扫卫生。罗克克的表现赢得大家的一片赞扬。和罗克比起来，罗克克显然更招人喜欢。

花花走到罗克身边，抢走他的游戏机，不满地说："罗克，你看看自己，就知道玩游戏，罗克克比你好多了。"

罗克不服，站起来说："他哪里比我好了？我除了贪玩，哪里都比他强！"

花花坏坏一笑，说："罗克克能陪我做数学题，你能吗？"

"我能把答案直接告诉你。"

花花等的就是罗克这句话，于是赶紧把准备好的题目拿了出来。罗克这才发现自己上当了，可惜为时已晚。

题目是这样的：傍晚开灯，加一连按7下开关，请你说说这时灯是亮的还是不亮的？如果按8下，甚至100下，你能知道灯是亮的还是不亮的吗？

听完题目，小强迫不及待地说："这太简单了，我去按7下、100下，不就知道灯亮没亮了！"

说完小强就想去按开关，但是被罗克一把拉住。罗克告诉小强："你这样，开关会坏的。其实这题目很简单，就是奇数、偶数的问题。听好了！"

"这是一道找规律的题目，我把按开关的次数和对应明暗情况列一个表，就可以找出规律了。按奇数次，也就是1，3，5，7，9等，灯是亮的；按偶数次，2，4，6，8，10等，灯是不亮的。按照规律，7是奇数，灯是亮的，而8和100是偶数，所以灯不亮。"

听完罗克的解答，花花恍然大悟："原来是这样啊！"说完便拉着罗克克继续去做数学题了，理都不理罗克，这让罗克感到很气愤。

更让罗克气愤的还在后头，罗克难得想帮依依搞卫生，结果被依依拒绝了，依依

说："有罗克克帮我就行了，他比你能干多了，听话又靠谱，你还是玩游戏吧！"

国王想要喝水，没等自己动手，罗克克就已经把水杯端给了他。最后就连小强也找罗克克帮忙做作业去了。罗克陷入了没有人理的尴尬境地，甚至还成了朋友们口中的坏榜样，大家纷纷让罗克克不要学习罗克。

看着罗克克这么受欢迎，罗克心里感到一阵不平衡，突然，一个奇怪的想法在他脑海中诞生！

奇偶判断

"开灯关灯"涉及数学中的奇偶性问题。

奇偶运算基本法则：

①奇数±奇数＝偶数

②偶数±偶数＝偶数

③偶数±奇数＝奇数

④奇数±偶数＝奇数

任意两个数的和如果是奇数，那么差也是奇数；如果和是偶数，那么差也是偶数。

任意两个数的和或差是奇数，则两数奇偶相反；和或差是偶数，则两数奇偶相同。

例 题

罗克他们班40名同学参加一次智力竞赛，共有20道题。评分方法是：基础分20分，答对1题加5分，不答加1分，答错1题倒扣1分。请问所有参赛同学得分的总和是奇数还是偶数？请说明理由。

方法点拨

因为每题无论答对、不答、答错得（或扣）分都为奇数，20道题，即20个奇数相加（减），和（差）是偶数；

又因为每人的基础分为20分，

所以实际每人的得分应为偶数+偶数=偶数，

所以有40人，即40个偶数相加，和是偶数。

提示：在这题中，人数的多少对结果没有影响。

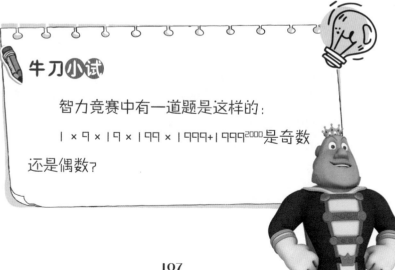

牛刀小试

智力竞赛中有一道题是这样的：

$1 \times 9 \times 19 \times 199 \times 1999 + 1999^{2000}$是奇数还是偶数？

罗克学乖了?

一大早，UBIQ像往常一样，准备叫罗克起床上学。当UBIQ打开房门时，发现罗克早已坐在床上玩游戏。他双眼浮肿，看起来像是一晚没睡。

UBIQ很生气，想过去教训他，但是这时罗克走了进来，原来床上那个是罗克克。

　　"罗克克说没玩过游戏机，我就给他玩了一下，谁知他一玩就停不下来，我也没办法。"罗克耸耸肩，毫不在意地说。

　　UBIQ还是一脸疑惑，罗克补充道："经过昨天的事，我决定要做一个好孩子，每天早起，按时上学，不玩游戏机，多多帮助同学。"

　　UBIQ不信这是从罗克嘴里说出来的话，于是拉着他的手看了看，发现没有三角标志，确认他真是罗克。UBIQ又看了看正

在床上玩游戏的罗克克，总觉得有些怪怪的，但是罗克拉着UBIQ就往门外走，说要早点去学校学习。UBIQ也没来得及多想，就当这是罗克经过昨天的事情，开始反省了吧。

假罗克走到门口，回头朝床上玩游戏的"罗克克"竖了个拇指，"罗克克"回应了一个眼神。房门一关，这个玩游戏的"罗克克"高兴地蹦跶起来，喊着："太好了，今天我可以玩一天游戏了，真是太棒了！"

"反正我现在是罗克克，那干脆把以前的账都算一算吧，到时大家怪的也是罗克克，嘻嘻！"原来昨晚罗克命令罗克克和他互换身份，还把三角标志移植到了自己的手心，这样谁也看不出他是真的罗克了。

就在罗克在家玩游戏的时候，假扮罗克的罗克克已经来到了学校，他一到自己的座位就拿起书，认真地看起来。

"罗克，一起玩会游戏吧，我昨晚差一点就通关了呢。"小强一见罗克便凑了过来。

"罗克"一本正经地回答小强说："小强，我决定不玩游戏了，我要好好学习。你也别玩了，跟我一起学习吧！我们一同

进步！"

小强简直不敢相信这是罗克说出来的话，惊得下巴都快掉下来了，说："罗克，你没发烧吧？怎么一夜之间像变了个人似的？"

一旁的依依也觉得今天的罗克有些反常，敏锐的她察觉到了什么，指着"罗克"说："你该不会是罗克克吧？肯定是罗克让你来替他上学，他自己在家玩游戏。"说着翻开了"罗克"的手，发现真的没有三角标志。这是怎么回事？难道罗克真的决定改过自新？

"罗克"见状，不失时机地说："我真是罗克啦，经过昨天的事，我和罗克克对比了一下，发现自己有很多缺点，我决定改正！"

依依和小强瞪大了眼睛，惊讶得说不出话来。

这时，花花从旁边凑了过来，说："罗

克，快把数学作业借我抄一下，老规矩，我把最新的漫画书借给你看。"

　　"罗克"推开花花递过来的漫画书，说："花花，我已经不看漫画书了，作业的话……""罗克"本想说无偿借给花花抄的，突然想起自己根本不会做那些作业，于是连忙改口说，"花花，作业要靠自己，这样你才能进步啊，漫画书这种小孩子看的东西，以后你也不要看了，跟我一起学习吧！"

　　花花难以置信，又把漫画书在"罗克"面前晃了晃，说："罗克，你在说什么呢？你难道真的不想看最新一期漫画了吗？"

　　"罗克"义正词严地拒绝花花："上课看漫画书会分心，要回家看才行。"

　　花花很疑惑：这

还是罗克吗？于是她拿出一朵花，撕起了花瓣，真罗克、假罗克、真罗克……

总之，"罗克"今天彻底颠覆了人们对他的印象，大家都觉得，罗克可能真的学乖了。

罗克克手上的三角标志

不是剧透，总觉得罗克克的三角标志含有警告、提醒靠近有危险的意思。好比交通标志的提示。

国际《安全色和安全标志》标准草案中关于几何图形的规定是：

正三角形表示警告；

圆形表示禁止和限制；

正方形、长方形表示提示；

圆形图案带有斜线的，也表示禁止。

例　题

如图，移动3个圆圈，把左边的三角形变成右边的三角形，该怎么做呢？

115

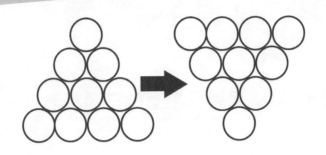

图中三角形为等边三角形，对应的三条边都由4个圆圈构成，移动时也需要保证每条边都有4个圆圈。

因此，将底部左右两边的圆圈移至第二排左右两边，最上排1个圆圈移至最下排2个圆圈正下方即可。

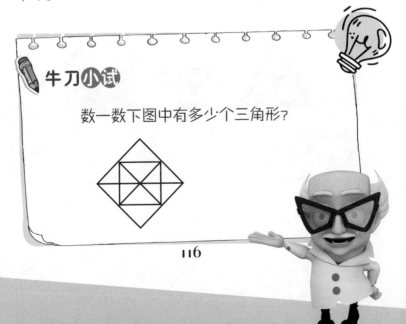

牛刀小试

数一数下图中有多少个三角形？

罗克克回收计划

　　下午放学，罗克克冒充罗克来到了城堡，说要和大家一起学习。要是真正的罗克，这个时间肯定第一个赶回家，看电视、玩游戏。

　　罗克克一本正经地看着书，但是他看不懂书上的内容，可又不能被人发现，只好装模作样，一时像是遇到了很难的题目，一时又表现出恍然大悟的样子，演得十分逼真。

　　"UBIQ，我决定，以后的课外时间都用来学习，玩游戏太浪费时间了。"罗克克对身边的UBIQ说道。

117

UBIQ当然赞成，对他表示鼓励。就在这时，城堡门口冲进来一个人，仔细一看，居然是"罗克克"，他不是在家玩游戏吗？怎么跑到这里来了？

"罗克克"冲进门后大喊："哇哈！我是罗克克，今天我是来给我主人出气的！"

说完，"罗克克"就跑到依依面前，抢过她的抹布。依依吓了一大跳，气冲冲地喊道："你要干什么？"

话音刚落，"罗克克"就把抹布丢在依依脸上，然后揪着依依的马尾辫，坏笑着

说："哈哈！让你平时欺负我的主人！"

依依抱头逃跑，"罗克克"揪着她的辫子紧追不放。好不容易，依依才挣脱了"罗克克"的魔爪，她逃到"罗克"身后，惊慌失措地说："罗克！你快管管罗克克啊！"

"罗克克"冲了过来，想再次捉住依依，但是被"罗克"拦住了。

花花和小强也惊恐地躲在"罗克"身后，花花探出头来，小声问："罗克克今天怎么这么奇怪，为什么要欺负依依呢？"

"罗克克"一脸不爽，指着自己道："我欺负她？也不看看她平时是怎么欺负我主人的！还有你，花花！真以为自己是公主，别人都得让着你啊？还有你，小强！胆小鬼，什么事都要主人帮忙！"

假罗克义正词严地说："罗克克，你可别太过分了！"

"罗克克"见"罗克"朝他使眼色，便冷哼一声，然后掏出游戏机，拉着小强走到

角落说："小强，我们来继续玩游戏吧！上次都快通关了！"

依依和花花对"罗克克"还是有些害怕，希望"罗克"能够管管他。假罗克见时机成熟，悄悄地透出一丝诡异的微笑，然后做出一副痛心的样子，说："罗克克太无法无天了，虽然他是因为我才学坏的，但是不能让他这样下去了，我决定让研究所把罗克克收回去！"

依依和花花点头表示赞同，这么危险的克隆人还是早点送回去吧。假罗克嘿嘿一笑，悄悄对两人说："放心，我早有准备，不过你们先别告诉罗克克，他要是知道的话可能会反抗的！"

大约过了一个小时，假罗克主动提出大家一起玩互动游戏，在学习之余轻松一下。

听到玩游戏，假罗克第一个凑了上来，说他也要参加。假罗克和花花、依依三人会心一笑，答应了。

这是一个抽签游戏，抽到"国王"的人可以让抽到其他号码的人做一件事。

"哇！好有趣的样子，我们快开始吧！""罗克克"迫不及待。

游戏开始了。第一把假罗克抽到了"国王"，他的命令是2号和3号把5号绑起来，2号是依依，3号是花花，5号则是真罗克。

罗克大呼倒霉，但还是乖乖地被绑了起

来。正在他们准备开始下一把的时候，门口传来了敲门的声音，假罗克跑去开门，看到门口的人后，他偷偷使了个眼色，门口的人点头回应。

原来门外是健忘棍，还有两个穿着白大褂的人，健忘棍说："我是克隆研究所的人，我们是来这里……嗯……来这里干吗来着？"

旁边的人悄悄提醒健忘棍，是来这里回收克隆人罗克克的。

"对对对，来回收罗克克的。"

两个穿白大褂的人走到被五花大绑的罗克身边，然后将他抬了起来。罗克感觉不妙，挣扎着大喊："你们干什么？放开我，

我不是罗克克，我是罗克啊！"

健忘棍坏笑着说："每一个被回收的克隆人，都说过类似的话，企图代替主人生活下去，你这种小把戏，我见多了！"

罗克感到害怕了，要是真被当成罗克克送走了，那指不定会发生什么事，他挣扎着大喊："我真是罗克！我只是和罗克克互换身份闹着玩啊！"

健忘棍捉住罗克的手，朝大家展示了上面的三角标志，说："看到没，这个标志就是为了应对这种情况设计的，只要有这个标志，就是克隆人！我们现在要带克隆人回去，并销毁。"

"那是罗克克转移给我的！罗克克，你倒是说句话啊！"

假罗克叹息一声，说："唉，罗克克，我对你太失望了，原本我还打算替你说情，但是你说这种话，我真的很寒心，你还是回去重新接受研究吧。"

罗克被抬着往城堡外走去。"罗克克，你这个混蛋居然骗我！花花！依依！小强！快救我啊！我……我真是罗克，他是假的，他才是罗克克……"罗克凄厉的声音传遍城堡。

慢慢地罗克的声音越来越小，直到最后，城堡的门被紧紧关上，彻底听不到了。

照镜子

图形的运动有平移、旋转、翻转、轴对称、点对称、镜面对称，它们的共同特点是不改变图形的大小和形状。当真假罗克面对面时，仿佛是在照镜子。现在我们来看看镜面对称的特点：

（1）像与物体左右相反、大小相同。

（2）像到镜面的距离等于物体到镜面的距离。

（3）像与物体的连线与镜面垂直。

例题

小强换衣服，从镜子里看到的时钟是镜面时刻4:00，此时的实际时刻应是（　　　　）。

镜面时刻4:00　　　实际时刻8:00

牛刀小试

镜子里面看到的是：

$$3 w m E$$

实际应该是怎样的？

罗克克的真面目

罗克被抓走的第二天，是愿望之码出题的日子，有了上次输给校长的教训，这次国王、假扮罗克的罗克克和UBIQ等人早早就等候在广场。

校长和Milk倒是姗姗来迟，两人面无表情，一点嚣张自大的样子都没有，完全不像以前。

国王悄悄地说："他这次不放狠话了吗？总觉得有些不习惯啊！"

依依说："不管他要什么花招，只要有罗克在，我们就不会输！"

花花和小强点头，表示完全认同，罗克克拍了拍胸口，说："交给我吧！"

Milk在一旁悄悄说："校长，要不要我放点儿狠话？"

校长摇头，嫌弃地看了眼Milk，心想：你说狠话？怕不是给我丢人吧？

校长沉默不语，没有了对骂环节，或许愿望之码也感到无聊了，很快就给出了题目。

今天的题目是：小明爱吃哈密瓜，他用4辆车在一天的时间里，运输哈密瓜30吨，请问，用8辆车，几天可以运哈密瓜120吨？

听完题目，依依等人满怀期待地看着罗克克，因为以往罗克很快就能给出答案。

依依说："加油啊，罗克！"

罗克克挠了挠头，开始思考起来，而校长此时露出一丝冷笑。Milk问："校长，你笑什么？是想学电视里的坏人冷笑吗？但是那些坏人都长得好帅的，校长你这样笑，看起来傻傻的！"

校长一巴掌拍过去，生气道："给我闭嘴！"

罗克最擅长做数学题，而罗克克根本不会做，他想着想着，头上居然冒起了烟，吓得依依连忙用水浇上去，生怕他着火了。

校长叹息道："处理器运转不过来了，真是可惜。要是再给我多一点点时间，我就可以研发出能解决数学题的处理器了。"

"数学……问题……解决，交给我……我给交……交我……给，学……题……数……"罗克克嘴里冒出了各种奇怪的字眼。

众人十分着急，花花连忙说："罗克，你冷静点！不要再想了！"

国王冲过来说："让罗克清醒清醒才行！"说完就将罗克克推进水里。

罗克克竟然开始快速地、毫无规律地抽动，面无表情，声音也如机械般重复，甚至

从身体里传出了电火花。

"这是怎么回事？罗克怎么会这样？"小强惊恐地把头贴在地上，不敢看罗克克。

校长大笑，露出嚣张狂妄的样子："哈哈，一群笨蛋，到现在都没看出来这不是真正的罗克吗？"

"什么？"依依顿时心慌，想起了"罗克克"被带走前那凄厉的叫声。

"没错！他是罗克克，不是克隆人，而是我研发出来的机器人，那个被带走的'罗克克'才是真正的罗克！哈哈哈，这次又是

我赢了！"

校长的话让众人震惊，他们终于明白为什么"罗克"会突然变乖，为什么"罗克克"会突然变坏，原来两人互换了身份。

机器人罗克克还在水中抽搐着，样子十分吓人。巨大的恐惧浮现在众人心头：那真正的罗克呢？难道真的被销毁了？

国王愤怒地冲向校长，大吼道："你这坏家伙，把罗克怎么样了？"

Milk挡在校长身前，不让国王靠近，校长冷哼一声说："去矿洞看看吧，快点儿的话，说不定还能看到他剩下的东西。"

大家非常担心罗克，纷纷跑下台阶，离开了广场。

"喂！你们不继续答题了吗？"校长在后面挥手大喊，很是得意。

Milk拍马屁说："校长，你什么时候变得这么厉害，把罗克他们玩弄在手掌心。"

校长看了眼Milk，没有回答，而是转向

愿望之码，说："现在就只有我能答题了，我来给出答案吧！"

校长的答案是：4辆车，一天运哈密瓜30吨，那么8辆车，一天就运哈密瓜 $8 \div 4 \times 30 = 60$ （吨），所以120吨要用 $120 \div 60 = 2$ （天）。

愿望之码回应道："回答正确，请说出你的愿望。"

"嘿嘿！我的愿望，那当然是……"

归一问题和归总问题

归一问题一般要先求"单位数量"（即单一量），再求出问题的答案。这里的"单一量"是指单位时间的工作量、单位时间所行的路程、单位面积及物品的单价等。归一问题的特点是"单一量"是一定的。

归总问题是研究单位数量、数量和总量之间的数量关系的一类应用题，与归一问题联系紧密。这里的"总量"是指总路程、总工程量、总产量、物品的总价等。归总问题的特点是"总量"是一定的，但常常也会出现变式。

例 题

罗克他们要打一份文档，共3600千字，先用5台打字机，8小时可以打960千字，如果再增加17台打字机，几小时就能将余下的任务完成？

（1）每台打字机每小时打的字数：

960÷5÷8=24（千字）

（2）余下的任务为：3600−960=2640（千字）

（3）现有打字机：17+5=22（台）

（4）每台打字机需要的时间：

2640÷22÷24=5（时）

所以，5小时就能将余下的任务完成。

牛刀小试

一个修路队要修一条长2100米的公路，前5天平均每天修240米，余下的要求3天完成，平均每天要修多少米？

罗克就应该有罗克的样子

　　花了将近一个小时，众人才赶到矿洞。这矿洞年代久远，早已荒废。因为经常会有人来这里探险，留下的垃圾也越来越多，所以现在矿洞看起来倒是有些像垃圾场。

　　难道罗克被销毁后，也被当垃圾丢在这里了？众人越想越慌，默默祈祷罗克没事，罗克的种种形象浮现在他们的脑海中，或调皮捣蛋，或机智勇敢，或热心助人。是啊，每个人都有他独特的一面，为什么非要用自己的标准去改变一个人呢？

　　"罗克！你在哪？"呼喊声回荡在整个

矿洞。

罗克是荒岛众人最好的朋友，也是对他们帮助最大的人，现在他却可能因为他们的自以为是而从此消失。

"罗克！你在哪？"

矿洞里声浪一波接一波，却没有任何回应。罗克怕是凶多吉少了——校长完全可以再制造一个罗克克来顶替真正的罗克以逃避法律的制裁。

依依开始哭泣，花花、小强也跟着哭了。UBIQ急得差点死机，国王红着眼说要找校长报仇。

就在这时，一个身影出现在大家面前，这个人黑眼圈很重，样子极其疲惫。没错，就是罗克！

"我好困……两天没睡觉了，我好想睡觉……"罗克有气无力地说。

众人简直不敢相信，他们擦了擦眼睛，又捏了捏罗克的脸，直到罗克喊痛，大家这才相信这是真的。

罗克还活着！

大家一阵激动，纷纷问罗克发生了什么，罗克却只是摇头，说自己被带走后，就被关在小黑屋里，每天都有人在念"好孩子守则"，他都快烦死了，最后怎么来到矿洞的，他也不知道。

"对不起，我以后一定会做个好孩子。"

众人连连摇头。依依笑着说："不用不用，罗克就应该有罗克的样子！"

在嬉笑中，众人带着罗克离开矿洞。

而校长办公室里，校长正在研究一块芯片，他嘴角微微上扬，一脸难掩的兴奋。

"哈哈！愿望之码果然厉害，虽然只有三分钟，但我还是记下了所有知识点，这下我可以研发出完美的机器人了！"

Milk在一旁吃着泡面，突然问："校长，你怎么放过罗克了，他不是你最讨厌的人吗？"

校长看了眼Milk，哼了一声，说："他再怎么讨厌，也是我的学生。"

校长说完，继续研究芯片。Milk一口吃掉碗中的泡面，蹦蹦跳跳地跑到校长面前，问要不要帮忙，却被校长嫌弃地踢开。

原来校长也不是彻彻底底的坏人嘛！

机器人组件

　　校长制作机器人需要各种立体元件，他整理了一些立体图形的体积计算知识点，一起来看看。

名　称	图　形	字母意义	特　征	表(侧)面积S、体积V
		a棱长	有6个面(都是相等的正方形)、12条棱(长度都相等)、8个顶点。	$S = a×a×6$ $V = a×a×a$
长方体		a = 长 b = 宽 h = 高	有6个面、12条棱、8个顶点，6个面都是长方形（也可以有两个面是正方形），相对面的面积相等，相对棱长也相等。	$S = (ab+ah+bh)×2$ $V = a×b×h$
圆柱体		r = 底面半径 h = 高 C = 圆周长	上下底面有相等的两个圆，侧面展开图是一个长方形，长方形的长等于圆柱底面的周长，宽等于圆柱的高。	$S_侧 = C×h$ $S_表 = Ch+2\pi r^2$ $V = S_底×h$ $= \pi r^2 ×h$
圆锥体		r = 底面半径 h = 高 l = 母线长 C = 圆周长	底面是一个圆，顶点到底面圆心的距离是高，它的体积与等底等高的圆柱体体积的$\frac{1}{3}$相等。	$V = \frac{1}{3}\pi r^2 ×h$ $S_侧 = \frac{1}{2}Cl$ $S_表 = \frac{1}{2}Cl+\pi r^2$

例 题

机器人的一节胳膊是半径为3厘米，长20厘米的圆柱体，这节机器人胳膊的体积是多少立方厘米？

方法点拨

圆柱体的体积=底面积×高

底面积=πr^2

所以机器人胳膊的体积是

$3.14 \times 3 \times 3 \times 20 = 565.2$（立方厘米）

牛刀小试

校长办公桌上有一个茶叶盒，高20厘米，底面数据如下图所示，底面四角为$\frac{1}{4}$圆。这个茶叶盒的容积是多少立方厘米？（$\pi = 3.14$）

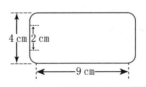

4 cm 2 cm

9 cm

神奇香水

● 1. 意外的相遇

【荒岛课堂】国王巧遇怪老头

【答案提示】

"两人从同一地点出发背向而行，经过2分钟相遇"，表明两人速度和为：

$$400 \div 2 = 200（米/分）$$

"两人从同一地点出发同向而行，经过20分钟相遇"，表明两人速度差为：

$$400 \div 20 = 20（米/分）$$

根据和差问题可知：

国王的速度为：

$$（200+20）\div 2 = 110（米/分）$$

怪老头的速度为：

$$（200-20）\div 2 = 90（米/分）$$

或 $110 - 20 = 90$（米/分）

2

2、神奇药水不神奇

【荒岛课堂】进度条

【答案提示】

解法1：$252-252×63\%≈93$（字节）

$159÷93≈171\%$

解法2：$63\%÷（1-63\%）≈171\%$

温馨提示：解答"一个数是另一个数的百分之几"的问题时，可以用数量进行比较，也可以用百分率进行比较。

3、有点怪的早晨

【荒岛课堂】香水盒上的蝴蝶结

【答案提示】

$（20+30）×8+154=554$（厘米）

4、朋友大变样

【荒岛课堂】在校作息时间表

【答案提示】

从早上8：00 —下午4：55，共8时55分

● 5. 香水导致的闹剧

【荒岛课堂】糖果婆婆卖糖

【答案提示】

$(84) \xrightarrow[-16]{+16} (100) \xleftarrow[\times 5]{\div 5} (20) \xrightarrow[+10]{-10} (10) \xrightarrow[\div 10]{\times 10} (100)$

还可以列方程解，设这位老人今年x岁

$$[(x+16) \div 5-10] \times 10=100$$

$$(x+16) \div 5-10=10$$

$$(x+16) \div 5=20$$

$$x+16=100$$

$$x=84$$

所以这位老人今年84岁。

● 6. 香水闹剧的落幕

【荒岛课堂】用牙刷打扫操场要多久

143

【答案提示】

解法1：40厘米=0.4米

$180 \times 96 \div (0.4 \times 0.4) = 108\ 000$（块）

解法2：40厘米=0.4米

$(180 \div 0.4) \times (96 \div 0.4)$

$= 450 \times 240$

$= 108\ 000$（块）

神秘网友

1. 考试成绩

【荒岛课堂】合格率

【答案提示】

$$优分率 = \frac{优分人数}{参加考试人数} \times 100\%$$

$40 \times 90\% = 36$（人）

2. 小强的网友

【荒岛课堂】套餐方案

【答案提示】

22×18=396（种）

3. 国王VS校长

【荒岛课堂】植树问题

【答案提示】

（52÷2−1）×16=400（米）

4. 数学哥的真实身份

【荒岛课堂】小强收到的精美礼物

【答案提示】

可以用三角形ABC的面积减去三角形EBF的面积

10×6÷2=30（平方厘米）

（10÷2）×（6÷2）÷2=7.5（平方厘米）

30−7.5=22.5（平方厘米）

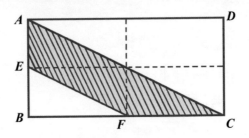

还可以这样解答：

如图，将长方形平均分成8份，有

$$10 \times 6 \times \frac{3}{8} = 22.5 \text{（平方厘米）}$$

克隆罗克

● 1、罗克的生日愿望

【荒岛课堂】切蛋糕

【答案提示】

（1）可垂直于圆柱形蛋糕的高将其均匀分为五份。

（2）把圆柱形蛋糕底面先分成圆心角为

360°÷5=72° 的扇形，沿扇形两边垂直底将圆柱形蛋糕均匀分为五份。

（3）先垂直于圆柱形蛋糕的高切下五分之一圆柱，剩下的圆柱再垂直于底面切成四份。

2. 梦想成真

【荒岛课堂】数学上的"克隆"

【答案提示】

2×2×2×2×2=32（个）

3. 受欢迎的罗克克

【荒岛课堂】奇偶判断

【答案提示】

因为 $1×9×19×199×1999$ 即五个奇数的乘积是奇数；

因为 1999^{2000} 是 2000 个奇数相乘，结果为奇数；

所以 $1×9×19×199×1999+1999^{2000}$ 的结

果即为奇数+奇数=偶数。

4、罗克学乖了？

【荒岛课堂】罗克克手上
的三角标志

【答案提示】

只含有1个基本图形（上图阴影部分）
的三角形有8个。

含有2个基本图形（上图阴影部分）大
的三角形有12个。

含有4个基本图形（上图阴影部分）大
的三角形有4个。

含有8个基本图形（上图阴影部分）大
的三角形有2个。

所以，图中共有三角形8+12+4+2=26
（个）。

5、罗克克回收计划

【荒岛课堂】照镜子

【答案提示】

实际应该是Ε m ɯ ョ

● 6、罗克克的真面目

【荒岛课堂】归一问题和归总问题

【答案提示】

240×5=1200（米）

2100−1200=900（米）

900÷3=300（米）

所以平均每天要修300米。

● 7、罗克就应该有罗克的样子

【荒岛课堂】机器人组件

【答案提示】

茶叶盒的底面是一个9×4厘米的长方形，两个2×1厘米的长方形和一个半径为1厘米的圆组成。

四个角上的四分之一圆的半径为：

（4−2）÷2=1（厘米）

149

盒子的底面积：

$9 \times 4 + 1 \times 2 \times 2 + \pi \times 1^2 = 36 + 4 + \pi = 40 + \pi$

盒子的容积是：

$（40 + \pi） \times 20$

$= 800 + 20\pi$

$= 862.8$（立方厘米）

所以这个茶叶盒的容积是862.8立方厘米。

数学知识对照表

图书在版编目（CIP）数据

罗克数学荒岛历险记. 8，克隆罗克 / 达力动漫著. —广州：广东教育
出版社，2020.11

ISBN 978-7-5548-3310-0

Ⅰ.①罗… Ⅱ.①达… Ⅲ.①数学—少儿读物 Ⅳ.①O1-49

中国版本图书馆CIP数据核字（2020）第100228号

策　　划：陶　己　卞晓琰
统　　筹：徐　枢　应华江　朱晓兵　郑张昇
责任编辑：李　慧　惠　丹　周　苟
审　　订：李梦蝶　苏菲芷　周　峰
责任技编：姚健燕
装帧设计：友间文化
平面设计：刘徵羽　钟玥珊

罗克数学荒岛历险记　8　克隆罗克
LUOKE SHUXUEHUANGDAO LIXIANJI　8　KELONG LUOKE

广东教育出版社出版发行
（广州市环市东路472号12-15楼）
邮政编码：510075
网址：http：//www.gjs.cn
广东新华发行集团股份有限公司经销
广州市岭美文化科技有限公司印刷
（广州市荔湾区花地大道南海南工商贸易区A幢　邮政编码：510385）
889毫米×1194毫米　32开本　5印张　100千字
2020年11月第1版　2020年11月第1次印刷
ISBN 978-7-5548-3310-0
定价：25.00元

质量监督电话：020-87613102　邮箱：gjs-quality@nfcb.com.cn
购书咨询电话：020-87615809